AF065920

Sitzungsberichte
der Heidelberger Akademie der Wissenschaften
Mathematisch-naturwissenschaftliche Klasse

Die Jahrgänge bis 1921 einschließlich erschienen im Verlag von Carl Winter, Universitätsbuchhandlung in Heidelberg, die Jahrgänge 1922—1933 im Verlag Walter de Gruyter & Co. in Berlin, die Jahrgänge 1934—1944 bei der Weißschen Universitätsbuchhandlung in Heidelberg. 1945, 1946 und 1947 sind keine Sitzungsberichte erschienen.

Ab Jahrgang 1948 erscheinen die „Sitzungsberichte" im Springer-Verlag.

Inhalt des Jahrgangs 1953/55:

1. Y. Reenpää. Über die Struktur der Sinnesmannigfaltigkeit und der Reizbegriffe. DM 3.50.
2. A. Seybold. Untersuchungen über den Farbwechsel von Blumenblättern, Früchten und Samenschalen. DM 13.90.
3. K. Freudenberg und G. Schuhmacher. Die Ultraviolett-Absorptionsspektren von künstlichem und natürlichem Lignin sowie von Modellverbindungen. DM 7.20.
4. W. Roelcke. Über die Wellengleichung bei Grenzkreisgruppen erster Art. DM 24.30.

Inhalt des Jahrgangs 1956/57:

1. E. Rodenwaldt. Die Gesundheitsgesetzgebung der Magistrato della sanità Venedigs 1486—1550. DM 13.—.
2. H. Reznik. Untersuchungen über die physiologische Bedeutung der chymochromen Farbstoffe. DM 16.80.
3. G. Hieronymi. Über den altersbedingten Formwandel elastischer und muskulärer Arterien. DM 23.—.
4. Symposium über Probleme der Spektralphotometrie. Herausgegeben von H. Kienle. DM 14.60.

Inhalt des Jahrgangs 1958:

1. W. Rauh. Beitrag zur Kenntnis der peruanischen Kakteenvegetation. DM 113.40.
2. W. Kuhn. Erzeugung mechanischer aus chemischer Energie durch homogene sowie durch quergestreifte synthetische Fäden. DM 2.90.

Inhalt des Jahrgangs 1959:

1. W. Rauh und H. Falk. Stylites E. Amstutz, eine neue Isoëtacee aus den Hochanden Perus. 1. Teil. DM 23.40.
2. W. Rauh und H. Falk. Stylites E. Amstutz, eine neue Isoëtacee aus den Hochanden Perus. 2. Teil. DM 33.—.
3. H. A. Weidenmüller. Eine allgemeine Formulierung der Theorie der Oberflächenreaktionen mit Anwendung auf die Winkelverteilung bei Strippingreaktionen. DM 6.30.
4. M. Ehlich und M. Müller. Über die Differentialgleichungen der bimolekularen Reaktion 2. Ordnung. DM 11.40.
5. Vorträge und Diskussionen beim Kolloquium über Bildwandler und Bildspeicherröhren. Herausgegeben von H. Siedentopf. DM 16.20.
6. H. J. Mang. Zur Theorie des α-Zerfalls. DM 10.—.

Inhalt des Jahrgangs 1960/61:

1. R. Berger. Über verschiedene Differentenbegriffe. DM 8.40.
2. P. Swings. Problems of Astronomical Spectroscopy. DM 3.50.
3. H. Kopfermann. Über optisches Pumpen an Gasen. DM 5.80.
4. F. Kasch. Projektive Frobenius-Erweiterungen. DM 6.—.
5. J. Petzold. Theorie des Mößbauer-Effektes. DM 13.80.
6. O. Renner. William Bateson und Carl Correns. DM 4.—.
7. W. Rauh. Weitere Untersuchungen an Didiereaceen. 1. Teil. DM 43.80.

Sitzungsberichte der Heidelberger Akademie der Wissenschaften
Mathematisch-naturwissenschaftliche Klasse

Jahrgang 1974, 2. Abhandlung

A. Dinghas

Zur Differentialgeometrie der klassischen Fundamentalbereiche

(Vorgelegt in der Sitzung vom 8. Dezember durch H. Seifert)

Springer-Verlag Berlin Heidelberg New York 1974

ISBN-13: 978-3-540-06688-0 e-ISBN-13: 978-3-642-46307-5
DOI: 10.1007/978-3-642-46307-5

Das Werk ist urheberrechtlich geschützt. Die dadurch begründeten Rechte, insbesondere die der Übersetzung, des Nachdruckes, der Entnahme von Abbildungen, der Funksendung, der Wiedergabe auf photomechanischem oder ähnlichem Wege und der Speicherung in Datenverarbeitungsanlagen, bleiben auch bei nur auszugsweiser Verwertung, vorbehalten.

Bei Vervielfältigung für gewerbliche Zwecke ist gemäß § 54 UrhG eine Vergütung an den Verlag zu zahlen, deren Höhe mit dem Verlag zu vereinbaren ist.

© by Springer-Verlag Berlin · Heidelberg 1974. — Die Wiedergabe von Gebrauchsnamen, Warenbezeichnungen usw. in diesem Werk berechtigt auch ohne besondere Kennzeichnung nicht zu der Annahme, daß solche Namen im Sinne der Warenzeichen- und Markenschutz-Gesetzgebung als frei zu betrachten wären und daher von jedermann benutzt werden dürften.

Universitätsdruckerei H. Stürtz AG, Würzburg

Zur Differentialgeometrie der klassischen Fundamentalbereiche

Alexander Dinghas †
I. Mathematisches Institut der Freien Universität Berlin

Inhaltsverzeichnis

1. Einleitung 5
2. Sätze über Determinanten. Anfang 7
3. Sätze über Determinanten. Ende 10
4. Einzigkeitsfragen. Anfang 15
5. Einzigkeitsfragen. Ende 18
6. Beweis des Satzes 1. Innere Abbildungen. Bemerkungen 20
Literatur 24

1. Einleitung

Im folgenden soll allgemein[1]

$$\Omega=\Omega_{pq}=[\omega_{ik}]_{pq} \qquad (\omega_{ik} \text{ komplex}) \tag{1.1}$$

eine Matrix mit p Zeilen und q Spalten bedeuten. Ist $p=q$, so wird für Ω_{qq} auch Ω_q bzw. $[\omega_{ik}]_q$ geschrieben. Ferner wird gesetzt

$$\Omega'=\Omega'_{pq}=[\omega_{ik}]'_{pq}=[\omega'_{ik}]_{qp} \qquad (\omega'_{ik}=\omega_{ki}) \tag{1.2}$$

und Ω' die Transponierte von Ω genannt. Ist $\Omega_q=[\omega_{ik}]_q$ eine quadratische Matrix, so wird für die Determinante $\det\Omega$ bzw. $\det[\omega_{ik}]_q$ (auch $|\omega_{ik}|_q$ bzw. ω) geschrieben. Das algebraische Komplement von ω_{ik} in $[\omega_{ik}]_q$ wird allgemein durch $\breve{\omega}_{ik}$ bezeichnet. Bekanntlich gelten zwischen den Elementen ω_{ik} und $\breve{\omega}_{ik}$ von ω und $\breve{\omega}=[\breve{\omega}_{ik}]_q$ die Beziehungen

$$\sum_{\mu=1}^{q} \omega_{i\mu}\breve{\omega}_{j\mu}=\sum_{\mu=1}^{q} \omega_{\mu i}\breve{\omega}_{\mu j}=\varepsilon_{ij}\omega, \tag{1.3}$$

wobei $[\varepsilon_{ik}]_q$ die Einheitsmatrix E_q bedeutet. Demnach gilt (Cauchy)

$$\breve{\omega}=|\breve{\omega}_{ik}|_q=|\omega_{ik}|_q^{q-1}=\omega^{q-1}. \tag{1.4}$$

Allgemeiner gilt (Jacobi) für $1\leqq m\leqq q^2$

$$\begin{vmatrix} \breve{\omega}_{i_1 j_1} & \dots & \breve{\omega}_{i_1 j_m} \\ \cdot & \dots & \cdot \\ \breve{\omega}_{i_m j_1} & \dots & \breve{\omega}_{i_m j_m} \end{vmatrix} = \omega^{m-1}\frac{\partial^m \omega}{\partial\omega_{i_1 j_1}\dots\partial\omega_{i_m j_m}}. \tag{1.5}$$

1 Zur allgemeinen Orientierung vgl. man [13] S. 52ff. oder [6] S. 314f.
2 [13] S. 61 und (für den mehr interessierten Leser) S. 138f.

Der Spezialfall $m=2$, d.h. die Identität

$$\begin{vmatrix} \breve{\omega}_{i\mu} & \breve{\omega}_{i\nu} \\ \breve{\omega}_{k\mu} & \breve{\omega}_{k\nu} \end{vmatrix} = \omega \frac{\partial^2 \omega}{\partial \omega_{i\mu} \partial \omega_{k\nu}} \tag{1.6}$$

spielt bei den Entwicklungen von 3 eine Rolle.

Eine Matrix Ω_q soll Hermitesch heißen, falls

$$\omega_{ki} = \overline{\omega}_{ik} \quad (i, k = 1, \ldots, q) \tag{1.7}$$

gilt. Die Hermitesche Matrix Ω_q soll positiv ($\Omega_q > 0$!) bzw. nichtnegativ ($\Omega_q \geqq 0$!) heißen, falls die quadratische Form

$$\sum_{i,k=1}^{q} \omega_{ik} a_i \bar{a}_k \quad (a_1, \ldots, a_q \text{ komplex}) \tag{1.8}$$

positiv definit (>0 für $\|a\|>0$) bzw. positiv semi-definit ($\geqq 0$ für $\|a\|>0$) ist. Der Begriff der positiven bzw. der nichtnegativen Matrix, deren Elemente ω_{ik} von den Koordinaten $z_1, \ldots, z_n$ des Punktes $z=(z_1, \ldots, z_n)$ eines komplexen (besser: unitären oder Hermiteschen) Raumes C^n abhängen, wird bekanntlich nicht nur dazu verwendet, Bereiche von C^n (etwa durch $\Omega>0$) zu definieren[3], sondern auch um wichtige Klassen von Lösungen $u=[u(z, \bar{z})]$ partieller Differentialgleichungen, etwa durch die Bedingung (Plurisubharmonizitätsbedingung)

$$\left[\frac{\partial^2 u}{\partial z_i \partial \bar{z}_k}\right] = [u_{z_i \bar{z}_k}] = [u_{z\bar{z}}] \geqq 0 \tag{1.9}$$

zu charakterisieren.

In der vorliegenden Arbeit soll zunächst auf elementarem Wege der Nachweis erbracht werden, daß die partielle Differentialgleichung

$$|u_{z_{i\mu} \bar{z}_{k\nu}}|_n = c_n e^u \tag{1.10}$$

in den klassischen Fundamentalbereichen[4]

$$\mathfrak{R}_{\mathrm{I}} = \{Z\colon Z=[z_{ik}]_{p,q}, E_p - Z\bar{Z}' > 0\}$$

$$\mathfrak{R}_{\mathrm{II}} = \{Z\colon Z=[z_{ik}]_q, Z'=Z, E_q - Z\bar{Z} > 0\}$$

und ($q \geqq 2$!)

$$\mathfrak{R}_{\mathrm{III}} = \{Z\colon Z=[z_{ik}]_q, Z'=-Z, E_q + Z\bar{Z} > 0\}$$

der komplexen Räume C^n mit der (komplexen) Dimension

$$n = pq, \binom{q+1}{2}, \binom{q}{2}$$

3 [6] S. 314, [7] Kap. I und II und [8], S. 5.
4 [6] S. 314 und [8] S. 5f.

genau eine streng plurisubharmonische Lösung u mit den Randwerten $+\infty$ besitzt, sofern die Konstante c_n die Werte

$$(p+q)^{pq}, \left\{2\binom{q+1}{2}\right\}^{\binom{q+1}{2}}, \left\{2\binom{q}{2}\right\}^{\binom{q}{2}}$$

hat. Hierbei soll Z (auch durch z bezeichnet) den Punkt des (Hermiteschen) Raumes $\boldsymbol{C}^n$ mit den Koordinaten z_{ik} bedeuten.

Die hier gewonnenen Resultate, ergänzt durch ein früheres Ergebnis[5], wonach die Differentialgleichung (1.10) im Gebiet (Liesche Kugel)

$$\mathfrak{R}_{\mathrm{IV}} = \{Z\colon Z = z = [z_1, \ldots, z_n]_{1,n}, 1 - 2Z\bar{Z}' + |ZZ'|^2 > 0, |ZZ'| < 1\}$$

ebenfalls genau eine streng plurisubharmonische Lösung mit den Randwerten $+\infty$ besitzt, zeigen, daß der Anwendungsbereich der differentialgeometrischen Methode, die ich erstmalig 1966[6] im Anschluß an Ahlfors ($n=1$) entwickelte, die klassischen Fundamentalbereiche $\mathfrak{R}_{\mathrm{I}} - \mathfrak{R}_{\mathrm{IV}}$ umfaßt. Sie zeigen direkt, daß die Bergmanschen Kernfunktionen dieser Bereiche die einzigen streng plurisubharmonischen Lösungen der partiellen Differentialgleichung (1.10) in den betreffenden Gebieten mit den Randwerten $+\infty$ sind[7].

Die Nummern 2 und 3 bringen vorbereitende Hilfsbetrachtungen und Determinanten-Sätze. Die Nummern 4 und 5 behandeln Einzigkeitsfragen. In der letzten Nummer findet der Leser den Beweis des Satzes 1, die Behandlung des Problems der inneren Abbildung und einige historische Bemerkungen.

2. Sätze über Determinanten. Anfang

Folgender Satz ermöglicht eine Umformung der Determinanten $|E_p - Z_{pq}\bar{Z}'_{pq}|$, $|E_q - Z_q\bar{Z}_q|(Z'_q = Z_q)$ und $|E_q + Z_q\bar{Z}_q|(Z'_q = -Z_q)$.

Satz 1. *Seien*

$$A_{pq} = [\alpha_{ik}]_{pq},\ B_{pq} = [\beta_{ik}]_{pq},\ C_q = [\gamma_{ik}]_q$$

beliebige (reelle oder komplexe) Matrizen. Bedeutet dann Λ_p die Diagonalmatrix

$$\begin{bmatrix} \lambda_1 \ldots 0 \\ . \ \ldots \ . \\ 0 \ldots \lambda_p \end{bmatrix},$$

so gilt die Identität[8]

$$\left|\gamma_{ik} + \sum_{\mu=1}^{p} \lambda_\mu \alpha_{\mu i} \beta_{\mu k}\right| = \begin{vmatrix} E_p & -\Lambda_p B_{pq} \\ A'_{pq} & C_q \end{vmatrix}. \tag{2.1}$$

5 [5].
6 [2] und [3].
7 [4].
8 [5].

Den Beweis dieses Satzes findet der Leser in der letzten Nummer dieser Arbeit.

Der Satz 1, angewandt auf die Determinanten

$$|E_p - Z\bar{Z}'|_p,\ |E_q - Z\bar{Z}'|_q \quad \text{und} \quad |E_q + Z\bar{Z}|_q,$$

liefert die Identitäten

$$|E_p - Z_{pq}\bar{Z}'_{pq}| = \begin{vmatrix} E_p & Z_{pq} \\ \bar{Z}'_{pq} & E_q \end{vmatrix} \tag{2.2}$$

$$|E_q - Z_q\bar{Z}'_q| = \begin{vmatrix} E_q & Z_q \\ \bar{Z}_q & E_q \end{vmatrix} \quad (Z'_q = Z_q) \tag{2.3}$$

und

$$|E_q + Z_q\bar{Z}_q| = \begin{vmatrix} E_q & -Z_q \\ \bar{Z}_q & E_q \end{vmatrix} \quad (Z'_q = -Z_q). \tag{2.4}$$

Hierbei wird in (2.4)

$$Z = \begin{vmatrix} 0 & z_{12} & \dots & z_{1q} \\ -z_{12} & 0 & \dots & z_{2q} \\ \cdot & \cdot & \dots & \cdot \\ -z_{1q} & -z_{2q} & \dots & 0 \end{vmatrix} \tag{2.5}$$

gesetzt.

Wir behandeln zunächst den Fall $\mathfrak{R}_\mathrm{I}$ und schreiben die rechte Seite von (2.2) in der Form

$$g = \begin{vmatrix} g_{11} & \dots & g_{1\,p+q} \\ \cdot & \dots & \cdot \\ g_{p+q\,1} & \dots & g_{p+q\,p+q} \end{vmatrix} = |g_{ik}|_{p+q}. \tag{2.6}$$

Dann wird wegen

$$\frac{\partial g}{\partial z_{i\mu}} = \frac{\partial g}{\partial g_{i\,p+\mu}} = \breve{g}_{i\,p+\mu} \qquad (i=1,\dots,p;\ \mu=1,\dots,q) \tag{2.7}$$

und

$$\frac{\partial g}{\partial \bar{z}_{k\nu}} = \frac{\partial g}{\partial g_{p+\nu\,k}} = \breve{g}_{p+\nu\,k} \qquad (k=1,\dots,p;\ \nu=1,\dots,q) \tag{2.8}$$

also mit Rücksicht auf (1.6),

$$g_{z_{i\mu}\bar{z}_{k\nu}} = \frac{\partial^2 g}{\partial g_{i\,p+\mu}\,\partial g_{p+\nu\,k}} = g^{-1} \begin{vmatrix} \breve{g}_{i\,p+\mu} & \breve{g}_{ik} \\ \breve{g}_{p+\nu\,p+\mu} & \breve{g}_{p+\nu\,k} \end{vmatrix}.$$

Somit wird zunächst

$$\begin{aligned} g^2 \psi_{z_{i\mu}\bar{z}_{k\nu}} &= g^2 (\log g^{-1})_{z_{i\mu}\bar{z}_{k\nu}} \\ &= -g \frac{\partial^2 g}{\partial g_{i\,p+\mu}\,\partial g_{p+\nu\,k}} + \breve{g}_{i\,p+\mu}\,\breve{g}_{p+\nu\,k} = \breve{g}_{ik}\,\breve{g}_{p+\nu\,p+\mu}. \end{aligned}$$

Bei der Auswertung der Determinante

$$X = |\psi_{z_{i\mu}\bar{z}_{k\nu}}|_{p\cdot q} = g^{-2pq}\,|\breve{g}_{ik}\,\breve{g}_{p+\nu\;p+\mu}|_{p\cdot q} = g^{-2pq}\,X_1 \tag{2.9}$$

sollen zunächst die Elemente von X nach dem Schema der Matrix

$$[z_{i\mu}\bar{Z}'] \tag{2.10}$$

angeordnet werden. Das liefert für X_1 die Umformungen[9]

$$\begin{aligned} X_1 &= \left|\begin{bmatrix} \breve{g}_{p+1\;p+\mu}[\breve{g}_{i1} \cdots \breve{g}_{ip}] \\ \cdot \quad\quad \cdot \cdots \cdot \\ \breve{g}_{p+q\;p+\mu}[\breve{g}_{i1} \cdots \breve{g}_{ip}] \end{bmatrix}\right|_{p\cdot q} \\ &= \left|\breve{g}_{ik}\begin{bmatrix} \breve{g}_{p+1\;p+1} \cdots \breve{g}_{p+1\;p+q} \\ \cdot \quad \cdots \quad \cdot \\ \breve{g}_{p+q\;p+1} \cdots \breve{g}_{p+q\;p+q} \end{bmatrix}_q\right|. \end{aligned}$$

Es gilt nun der Satz:

Satz 2. *Seien $A_p = [a_{ik}]_p$ ($A_p > 0$) und $B_q = [b_{ik}]_q$ zwei reelle oder komplexe Matrizen von der Ordnung p bzw. q. Man schreibe die Matrix $[a_{i\mu}\,b_{k\nu}]_{p\cdot q}$ in der Form $[a_{i\mu}\,B_q]$ mit*

$$a_{i\mu}B_q = \begin{bmatrix} a_{i\mu}b_{11} \ldots a_{i\mu}b_{1q} \\ \cdot \quad \ldots \quad \cdot \\ a_{i\mu}b_{q1} \ldots a_{i\mu}b_{qq} \end{bmatrix}.$$

Dann gilt die Gleichung

$$|a_{i\mu}\,b_{k\nu}|_{p\cdot q} = |a_{ik}|_p^q \cdot |b_{ik}|_q^p. \tag{2.11}$$

Beweis. Sei $p > 1$. Man bilde die lineare Kombination

$$\breve{a}_{11}\,L_{\rho+0\cdot q} + \breve{a}_{21}\,L_{\rho+1\cdot q} + \cdots + \breve{a}_{p1}\,L_{\rho+(p-1)q}$$

der Reihen $L_{\rho+0\cdot q}, L_{\rho+1\cdot q}, \ldots, L_{\rho+(p-1)q}$ (ρ fest, $1 \leqq \rho \leqq q$) von $|a_{i\mu}B_q|_{p\cdot q}$ und beachte, daß

$$|a_{i\mu}B_q|_{p\cdot q} = (\breve{a}_{11})^{-q}\,|a_{ik}|_p^q\,|b_{ik}|_q\,|a_{ik}B_q|_{q(p-1)}$$

ist, wobei die Indizes i, k in der Determinante ganz rechts von 2 bis p variieren. Man nehme an, (2.11) gelte für $p-1$ [für $p=1$ ist (2.11) trivialerweise richtig] und wende sie auf die Determinanten B_q und

$$\breve{a}_{11} = \begin{vmatrix} a_{22} \ldots a_{2p} \\ \cdot \quad \ldots \quad \cdot \\ a_{p2} \ldots a_{pp} \end{vmatrix}$$

9 Die Umformung kommt dadurch zustande, indem man bei den einreihigen Matrizen ($r = 1 \ldots q$!)

$$[\breve{g}_{p+r\;p+\mu}\,\breve{g}_{i1}\;\;\breve{g}_{p+r\;p+\mu}\,\breve{g}_{i2} \cdots \breve{g}_{p+r\;p+\mu}\,\breve{g}_{ip}]$$

die eckigen Klammern wegläßt und die Elemente der dadurch entstehenden Matrix erneut zusammenfaßt.

an. Dann wird

$$|a_{ik} B_q| = (\breve{a}_{11})^q |b_{ik}|_q^{p-1}.$$

Das beweist (2.11) allgemein. Der Leser kann durch Stetigkeitsbetrachtungen zeigen, daß (2.11) auch dann gilt, wenn A_p, B_q beliebige Matrizen sind.

Satz 3. *Die durch* (2.2) *in* $\mathfrak{R}_{\mathrm{I}}$ *definierte Funktion g genügt der partiellen Differentialgleichung*

$$|\psi_{z_{i\mu}\bar{z}_{k\nu}}|_{p\cdot q} = g^{-(p+q)}. \tag{2.12}$$

Beweis. Nach (2.11) ist

$$|\breve{g}_{ik}\, \breve{g}_{p+\nu\, p+\mu}|_{p\cdot q} = |\breve{g}_{ik}|_p^q\, |\breve{g}_{p+\nu\, p+\mu}|_q^p.$$

Demnach wird zunächst

$$X = g^{-2pq} |\breve{g}_{ik}|_p^q \cdot |\breve{g}_{p+\nu\, p+\mu}|_q^p.$$

Andererseits gilt nach (1.5)

$$|\breve{g}_{ik}|_p = g^{p-1} \frac{\partial^p g}{\partial g_{11} \ldots \partial g_{pp}} = g^{p-1}$$

und

$$|\breve{g}_{p+\nu\, p+\mu}|_q = g^{q-1} \frac{\partial^q g}{\partial g_{p+1\, p+1} \ldots \partial g_{p+q\, p+q}} = g^{q-1}.$$

Das beweist den Satz 3. Im folgenden wird die linke Seite von (2.12) auch in der abgekürzten Form $|\psi_{Z\bar{Z}}|$ geschrieben, wobei jedesmal Z die in Frage kommende Matrix bedeuten soll.

3. Sätze über Determinanten. Ende

Das Analogon des Satzes 3 für den Fundamentalbereich $\mathfrak{R}_{\mathrm{II}}$ führt zu einem Determinantensatz, der wesentlich komplizierter als der Satz 2 ist. Man setze

$$g = \det \begin{vmatrix} E_q & Z_q \\ \bar{Z}_q & E_q \end{vmatrix} = \begin{vmatrix} g_{11} & \cdots & g_{12q} \\ \cdot & \cdots & \cdot \\ g_{2q1} & \cdots & g_{2q2q} \end{vmatrix} \tag{3.1}$$

mit

$$Z_q = \begin{bmatrix} z_{11} & \ldots & z_{1q} \\ \cdot & \ldots & \cdot \\ z_{q1} & \cdots & z_{qq} \end{bmatrix} \qquad (z_{ik} = z_{ki}) \tag{3.2}$$

und ordne die $\binom{q+1}{2}$ voneinander verschiedenen $z_{i\mu}$ nach dem Schema

$$z_{11}\, z_{12}\, z_{22} \ldots z_{1q}\, z_{2q} \ldots z_{qq}$$

an. Vorerst gilt

$$\frac{\partial g}{\partial z_{i\mu}}=\sigma_{i\mu}\left(\frac{\partial g}{\partial g_{i\,q+\mu}}+\frac{\partial g}{\partial g_{\mu\,q+i}}\right)$$

und

$$\frac{\partial g}{\partial \bar{z}_{\nu k}}=\sigma_{k\nu}\left(\frac{\partial g}{\partial g_{q+\nu\,k}}+\frac{\partial g}{\partial g_{q+k\,\nu}}\right)$$

mit

$$\sigma_{\alpha\beta}=\begin{cases}\frac{1}{2} & (\alpha=\beta)\\ 1 & (\alpha\neq\beta)\end{cases}.$$

Somit wird, wegen (1.6),

$$\begin{aligned}g_{z_{i\mu}\bar{z}_{k\nu}}&=\sigma_{i\mu}\sigma_{k\nu}\left(\frac{\partial}{\partial g_{i\,q+\mu}}+\frac{\partial}{\partial g_{\mu\,q+i}}\right)\left(\frac{\partial}{\partial g_{q+\nu\,k}}+\frac{\partial}{\partial g_{q+k\,\nu}}\right)g\\
&=\frac{1}{g}\,\sigma_{i\mu}\sigma_{k\nu}\left\{\begin{vmatrix}\breve{g}_{i\,q+\mu} & \breve{g}_{ik}\\ \breve{g}_{q+\nu\,q+\mu} & \breve{g}_{q+\nu\,k}\end{vmatrix}+\begin{vmatrix}\breve{g}_{i\,q+\mu} & \breve{g}_{i\nu}\\ \breve{g}_{q+k\,q+\mu} & \breve{g}_{q+k\,\nu}\end{vmatrix}\right.\\
&\quad\left.+\begin{vmatrix}\breve{g}_{\mu\,q+i} & \breve{g}_{\mu k}\\ \breve{g}_{q+\nu\,q+i} & \breve{g}_{q+\nu\,k}\end{vmatrix}+\begin{vmatrix}\breve{g}_{\mu\,q+i} & \breve{g}_{\mu\nu}\\ \breve{g}_{q+k\,q+i} & \breve{g}_{q+k\,\nu}\end{vmatrix}\right\},\end{aligned}$$

d.h.

$$\begin{aligned}\psi_{z_{i\mu}\bar{z}_{k\nu}}&=(\log g^{-1})_{z_{i\mu}\bar{z}_{k\nu}}\\
&=g^{-2}\,\sigma_{i\mu}\sigma_{k\nu}\{\breve{g}_{i\nu}\,\breve{g}_{q+k\,q+\mu}+\breve{g}_{ik}\,\breve{g}_{q+\nu\,q+\mu}\\
&\quad+\breve{g}_{\mu\nu}\,\breve{g}_{q+k\,q+i}+\breve{g}_{\mu k}\,\breve{g}_{q+\nu\,q+i}\}.\end{aligned}$$

Das liefert mit Rücksicht auf die Gleichung[10]

$$\breve{g}_{q+k\,q+\mu}=\breve{g}_{\mu k}\qquad(1\leqq k,\mu\leqq q)\tag{3.3}$$

die Darstellung

$$\psi_{z_{i\mu}\bar{z}_{k\nu}}=2\,g^{-2}\,\sigma_{i\mu}\sigma_{k\nu}\{\breve{g}_{ik}\,\breve{g}_{\mu\nu}+\breve{g}_{i\nu}\,\breve{g}_{\mu k}\}.$$

Demnach gilt zunächst

$$\begin{aligned}D_{\binom{q+1}{2}}&=|\psi_{z_{i\mu}\bar{z}_{k\nu}}|_{\binom{q+1}{2}}\\
&=g^{-q(q+1)}\,|2\sigma_{i\mu}\sigma_{k\nu}(\breve{g}_{ik}\,\breve{g}_{\mu\nu}+\breve{g}_{i\nu}\,\breve{g}_{\mu k})|_{\binom{q+1}{2}}\\
&=g^{-q(q+1)}\,2^{\binom{q+1}{2}-2q}\,X_{\binom{q+1}{2}}.\end{aligned}\tag{3.4}$$

Satz 4. *Es ist*

$$X_{\binom{q+1}{2}}=2^q\,|g_{ik}|_{2q}^{q^2-1}=2^q\,g^{q^2-1}.\tag{3.5}$$

10 Wieder mit Rücksicht auf die Symmetrie der Matrix.

Beweis. Wir zeigen zunächst: Für $q>1$ gilt

$$X_{\binom{q+1}{2}} |\breve{g}_{ik}|_{q-1}^{q} = 2 X_{\binom{q}{2}} |\breve{g}_{ik}|_{q}^{q+1}. \tag{3.6}$$

Hierbei sind $X_{\binom{q}{2}}$ und $|\breve{g}_{ik}|_{q-1}$ ähnlich wie $X_{\binom{q+1}{2}}$ und $|\breve{g}_{ik}|_q$ durch die Bedingungen $1 \leqq i \leqq \mu$, $k \leqq \nu$, μ, $\nu \leqq q-1$ bzw. $i, k \leqq q-1$ zu definieren.

Es bezeichnen in der Tat $L_{11}, L_{21}, L_{22}, \ldots, L_{q1}, \ldots, L_{qq}$, die Reihen von (3.4) durch das Schema

$$\begin{array}{ll}
L_{11} & \breve{g}_{i1}\breve{g}_{\mu 1} + \breve{g}_{\mu 1}\breve{g}_{i1} \\
L_{21} & \breve{g}_{i1}\breve{g}_{\mu 2} + \breve{g}_{\mu 1}\breve{g}_{i2} \\
L_{22} & \breve{g}_{i2}\breve{g}_{\mu 2} + \breve{g}_{\mu 2}\breve{g}_{i2} \\
\vdots & \cdots \qquad \cdots \\
L_{q1} & \breve{g}_{i1}\breve{g}_{\mu q} + \breve{g}_{\mu 1}\breve{g}_{iq} \\
L_{q2} & \breve{g}_{i2}\breve{g}_{\mu q} + \breve{g}_{\mu 2}\breve{g}_{iq} \\
\vdots & \cdots \qquad \cdots \\
L_{qq} & \breve{g}_{iq}\breve{g}_{\mu q} + \breve{g}_{\mu q}\breve{g}_{iq}
\end{array}$$

gegeben. Man definiere für $\sigma, \lambda = 1, \ldots, q$, $\hat{L}_{\sigma\lambda}$ durch die Gleichung

$$\hat{L}_{\sigma\lambda} = \begin{cases} L_{\sigma\lambda} & (\lambda \leqq \sigma) \\ L_{\lambda\sigma} & (\sigma < \lambda) \end{cases}$$

und setze

$$L^*_{q\sigma} = \alpha_1 \hat{L}_{\sigma 1} + \cdots + \alpha_q \hat{L}_{\sigma q} \tag{3.7}$$

mit zunächst willkürlichen $\alpha_1, \ldots, \alpha_q$. Da bei der Bildung der $L^*_{q\sigma}$ die Reihe $L_{q\sigma}$ mit der gleichen Konstanten, nämlich α_q multipliziert wird, führt der Prozeß $L \to L^*$:

$$L_{\rho\sigma} \to L_{\rho\sigma} \quad (1 \leqq \rho < q)$$
$$L_{q\sigma} \to L^*_{q\sigma} \quad (\sigma = 1, \ldots, q)$$

$X_{\binom{q+1}{2}}$ in eine Determinante $X^*_{\binom{q+1}{2}}$ über, die mit $X_{\binom{q+1}{2}}$ durch die Gleichung

$$X^*_{\binom{q+1}{2}} = \alpha_q^q X_{\binom{q+1}{2}} \tag{3.8}$$

verbunden ist. Nun kann leicht nachgeprüft werden, daß die Reihe $L^*_{q\sigma}$ die Form

$$\breve{g}_{i\sigma}(\alpha_1 \breve{g}_{\mu 1} + \cdots + \alpha_q \breve{g}_{\mu q}) + \breve{g}_{\mu\sigma}(\alpha_1 \breve{g}_{i1} + \cdots + \alpha_q \breve{g}_{iq})$$

besitzt. Wählt man also die $\alpha_1, \ldots, \alpha_q$ derart, daß

$$\alpha_1 \breve{g}_{\mu 1} + \cdots + \alpha_q \breve{g}_{\mu q} = \varepsilon_{\mu q} = \begin{cases} 1 & (\mu = q) \\ 0 & (\mu \neq q) \end{cases} \tag{3.9}$$

gilt, so stellt man leicht fest, daß die Elemente von $L^*_{q\sigma}$ durch den Ausdruck $\breve{g}_{i\sigma}\,\varepsilon_{\mu q}+\breve{g}_{\mu\sigma}\,\varepsilon_{iq}$ gegeben sind, d.h. durch Null für $i,\mu<q$, durch $\breve{g}_{i\sigma}$ für $\mu=q$, $i<q$, und $2\breve{g}_{q\sigma}$ für $i=\mu=q$. Andererseits liefern die Bedingungen (3.9) für α_q den Wert

$$|\breve{g}_{ik}|_{q-1}\,|\breve{g}_{ik}|_q^{-1},$$

also auch, wegen (3.8), die Gleichung

$$X_{\binom{q+1}{2}}=2\,|\breve{g}_{ik}|_q^{q+1}\,|\breve{g}_{ik}|_{q-1}^{-q}\,X_{\binom{q}{2}}.$$

Daraus folgt, wegen

$$X_{\binom{2}{2}}=2\,|\breve{g}_{ik}|_1^2=2\,\breve{g}_{11}^2$$

und

$$|\breve{g}_{ik}|_q=|g_{ik}|_{2q}^{q-1}\,\frac{\partial^q g}{\partial g_{11}\cdots\partial g_{qq}}=|g_{ik}|_{2q}^{q-1}=g^{q-1},$$

die Identität (3.5).

Satz 5. *Die durch* (2.3) *in* $\mathfrak{R}_{\mathrm{II}}$ *definierte Funktion g genügt der partiellen Differentialgleichung*

$$|\psi_{Z\bar{Z}}|_{\binom{q+1}{2}}=|\psi_{z_{i\mu}\bar{z}_{k\nu}}|_{\binom{q+1}{2}}=2^{\binom{q}{2}}\,g^{-(q+1)}. \tag{3.10}$$

Beweis. Aus (3.4) folgt mit Rücksicht auf die Gleichung (3.5)

$$D_{\binom{q+1}{2}}=2^{\binom{q}{2}}\,g^{-q(q+1)}\,g^{q^2-1}=2^{\binom{q}{2}}\,g^{-(q+1)}.$$

Dem Beweis eines entsprechenden Resultates für den Fundamentalbereich $\mathfrak{R}_{\mathrm{III}}$ sollen folgende vorbereitende Hilfsbetrachtungen vorangeschickt werden: Es bedeute g die durch (2.4) in $\mathfrak{R}_{\mathrm{III}}$ definierte (positive) Funktion. Dann ist

$$\frac{\partial g}{\partial z_{i\mu}}=\frac{\partial g}{\partial g_{\mu\,q+i}}-\frac{\partial g}{\partial g_{i\,q+\mu}}\qquad (i<\mu) \tag{3.11}$$

$$\frac{\partial g}{\partial \bar{z}_{k\nu}}=\frac{\partial g}{\partial g_{q+k\,\nu}}-\frac{\partial g}{\partial g_{q+\nu\,k}}\qquad (k<\nu) \tag{3.12}$$

und

$$\frac{\partial^2 g}{\partial z_{i\mu}\partial\bar{z}_{k\nu}}=\left(\frac{\partial}{\partial g_{\mu\,q+i}}-\frac{\partial}{\partial g_{i\,q+\mu}}\right)\left(\frac{\partial}{\partial g_{q+k\,\nu}}-\frac{\partial}{\partial g_{q+\nu\,k}}\right)g$$
$$=\frac{\partial^2 g}{\partial g_{\mu\,q+i}\,\partial g_{q+k\,\nu}}-\frac{\partial^2 g}{\partial g_{\mu\,q+i}\,\partial g_{q+\nu\,k}}$$
$$-\frac{\partial^2 g}{\partial g_{i\,q+\mu}\,\partial g_{q+k\,\nu}}+\frac{\partial^2 g}{\partial g_{i\,q+\mu}\,\partial g_{q+\nu\,k}}.$$

Demnach gilt mit Rücksicht auf (1.6)

$$\begin{aligned} g^2(\log g^{-1})_{z_{i\mu}\bar{z}_{k\nu}} &= g^2\psi_{z_{i\mu}\bar{z}_{k\nu}} \\ &= -g\frac{\partial^2 g}{\partial z_{i\mu}\partial \bar{z}_{k\nu}} + \frac{\partial g}{\partial z_{i\mu}}\,\frac{\partial g}{\partial \bar{z}_{k\nu}} \\ &= -\begin{vmatrix} \breve{g}_{\mu\, q+i} & \breve{g}_{\mu\nu} \\ \breve{g}_{q+k\, q+i} & \breve{g}_{q+k\,\nu} \end{vmatrix} + \begin{vmatrix} \breve{g}_{\mu\, q+i} & \breve{g}_{\mu k} \\ \breve{g}_{q+\nu\, q+i} & \breve{g}_{q+\nu\, k} \end{vmatrix} \\ &\quad + \begin{vmatrix} \breve{g}_{i\, q+\mu} & \breve{g}_{i\nu} \\ \breve{g}_{q+k\, q+\mu} & \breve{g}_{q+k\,\nu} \end{vmatrix} - \begin{vmatrix} \breve{g}_{i\, q+\mu} & \breve{g}_{ik} \\ \breve{g}_{q+\nu\, q+\mu} & \breve{g}_{q+\nu\, k} \end{vmatrix} \\ &\quad + (\breve{g}_{\mu\, q+i} - \breve{g}_{i\, q+\mu})(\breve{g}_{q+k\,\nu} - \breve{g}_{q+\nu\, k}). \end{aligned}$$

Das liefert die Gleichung

$$\begin{aligned} g^2\psi_{z_{i\mu}\bar{z}_{k\nu}} &= g^2(\log g^{-1})_{z_{i\mu}\bar{z}_{k\nu}} \\ &= \breve{g}_{\mu\nu}\,\breve{g}_{q+k\, q+i} - \breve{g}_{\mu k}\,\breve{g}_{q+\nu\, q+i} - \breve{g}_{i\nu}\,\breve{g}_{q+k\, q+\mu} + \breve{g}_{ik}\,\breve{g}_{q+\nu\, q+\mu}, \end{aligned}$$

die wiederum unter Berücksichtigung der Symmetrieeigenschaft

$$\breve{g}_{q+k\, q+i} = \breve{g}_{ik} \tag{3.13}$$

der

$$\breve{g}_{ik} \quad (i, k = 1, \ldots, q),$$

die abschließende Darstellung

$$\psi_{z_{i\mu}\bar{z}_{k\nu}} = 2g^{-2}\begin{vmatrix} \breve{g}_{ik}\,\breve{g}_{i\nu} \\ \breve{g}_{\mu k}\,\breve{g}_{\mu\nu} \end{vmatrix} \tag{3.14}$$

liefert.

Satz 6. *Die durch* (2.4) *in* $\mathfrak{R}_{\mathrm{III}}$ *definierte Funktion g genügt der partiellen Differentialgleichung*

$$|\psi_{z\bar{z}}|_{\binom{q}{2}} = |\psi_{z_{i\mu}\bar{z}_{k\nu}}|_{\binom{q}{2}} = 2^{\binom{q}{2}}\, g^{-q+1}. \tag{3.15}$$

Beweis. Nach allgemeinen Sätzen der Determinantentheorie[11] gilt ($i<\mu$, $k<\nu$!)

$$\det\left[\begin{vmatrix} \breve{g}_{ik}\,\breve{g}_{i\nu} \\ \breve{g}_{\mu k}\,\breve{g}_{\mu\nu} \end{vmatrix}\right]_{\binom{q}{2}} = |\breve{g}_{ik}|_q^{q-1}.$$

Andererseits ist

$$|\breve{g}_{ik}|_q = |g_{ik}|_{2q}^{q-1}\,\frac{\partial^q g}{\partial g_{11}\cdots\partial g_{qq}} = |g_{ik}|_{2q}^{q-1} = g^{q-1}.$$

Somit wird

$$|\psi_{z_{i\mu}\bar{z}_{k\nu}}|_{\binom{q}{2}} = 2^{\binom{q}{2}}\, g^{-q(q-1)}\cdot g^{(q-1)^2} = 2^{\binom{q}{2}}\, g^{-q+1}.$$

11 [13] S. 61.

Man kann leicht zeigen, daß sowohl im Falle I als auch in den Fällen II und III die Funktion $\log g^{-1}$ eine stark plurisubharmonische Funktion ist. Das wird in der nächsten Nummer in Zusammenhang mit der Einzigkeitsfrage der Lösung der Randwertaufgabe für die partiellen Differentialgleichungen (2.12), (3.10) und (3.15) gezeigt werden.

4. Einzigkeitsfragen. Anfang

Zum Nachweis, daß die Lösungen $\log g^{-1}$ der partiellen Differentialgleichungen (2.12), (3.10) und (3.15) bzw. von ($g \to g^{p+q}$, $g \to g^{q+1}$, $g \to g^{q-1}$!)

$$|u_{z_{i\mu}\bar{z}_{k\nu}}|_{p\cdot q} = (p+q)^{pq} e^u \tag{4.1}$$

$$|u_{z_{i\mu}\bar{z}_{k\nu}}|_{\binom{q+1}{2}} = 2^{\binom{q}{2}} (q+1)^{\binom{q+1}{2}} e^u \tag{4.2}$$

und ($q > 1$!)

$$|u_{z_{i\mu}\bar{z}_{k\nu}}|_{\binom{q}{2}} = (2q-2)^{\binom{q}{2}} e^u \tag{4.3}$$

die einzigen in $\mathfrak{R}_{\mathrm{I}}$, $\mathfrak{R}_{\mathrm{II}}$ bzw. $\mathfrak{R}_{\mathrm{III}}$ stark plurisubharmonischen Lösungen mit den Randwerten $+\infty$ sind, genügt es zu zeigen, daß die der Matrix $[u_{z_{i\mu}\bar{z}_{k\nu}}]$ zugeordneten quadratischen Formen in jedem Punkt des jeweiligen Bereiches positiv definit ausfallen.

Wir setzen (p, $q \geqq 1$!)

$$X = |u_{Z\bar{Z}}|_{p\cdot q} = |u_{z_{i\mu}\bar{z}_{k\nu}}|_{p\cdot q} \qquad (Z \in \mathfrak{R}_{\mathrm{I}}), \tag{4.4}$$

und beachten, daß bei der Anordnung der Elemente von X nach dem Indizes-Schema $[\Omega_{ik}]_p$ mit

$$\Omega_{ik} = \begin{bmatrix} z_{i1}\bar{z}_{k1} & \cdots & z_{iq}\bar{z}_{k1} \\ \cdot & \cdots & \cdot \\ z_{i1}\bar{z}_{kq} & \cdots & z_{iq}\bar{z}_{kq} \end{bmatrix}$$

$$X = \det[\breve{g}_{ik}\breve{G}_q](p+q)^{pq} g^{-2pq} \tag{4.5}$$

mit

$$\breve{G}_q = [\breve{g}_{p+\nu\, p+\mu}]_q \tag{4.6}$$

wird.

Es gelten nun folgende Zusammenhänge:

(i) $[g_{ik}]_{p+q} > 0$.

Das folgt aus $[E_p - Z\bar{Z}'] > 0$ in Verbindung mit der (notwendigen) Bedingung, daß sämtliche Hauptminoren positiv ausfallen müssen. Die Übereinstimmung der Hauptminoren von $\det[E_p - Z\bar{Z}'] = |E_p - Z\bar{Z}'|_p$ mit den Unterdeterminanten (Hauptminoren)

$$|g_{ik}|_m \qquad (m = 1, \ldots, p+q)$$

von $|g_{ik}|_{p+q}$ kann vom Leser [unter Heranziehung von (2.2)] selbst erbracht werden.

(ii) Aus $[g_{ik}]_{p+q}>0$ folgt ohne weiteres, daß zunächst $[\breve{g}_{ik}]_p>0$ und $[\breve{g}_{p+\nu\, p+\mu}]_q>0$ gilt. Andererseits impliziert die Tatsache $[\breve{g}_{ik}]_p>0$ in jedem Punkt von $\mathfrak{R}_{\mathrm{I}}$ die Existenz eines Basissystems $(\gamma_1, \ldots, \gamma_p)$ mit

$$\gamma_i=(\gamma_{i1}, \ldots, \gamma_{ip}) \qquad (i=1, \ldots, p) \tag{4.7}$$

[wobei die (komplexen) Größen jedesmal von den $z_{i\mu}$ bzw. $\bar{z}_{k\nu}$ abhängen] mit der Eigenschaft

$$\sum_{\sigma=1}^{p} \gamma_{i\sigma} \bar{\gamma}_{k\sigma}=\breve{g}_{ik} \qquad (i, k=1, \ldots, p). \tag{4.8}$$

Das liefert die Umformung (μ, $\nu=1, \ldots, q$!)

$$\begin{aligned} Q&=\sum \psi_{z_{i\mu}\bar{z}_{k\nu}} a_{i\mu} \bar{a}_{k\nu} \\ &=g^{-2} \sum_{\mu,\nu=1}^{q} \breve{g}_{p+\nu\, p+\mu} \left\{ \sum_{i,k=1}^{p} \breve{g}_{ik} a_{i\mu} \bar{a}_{k\nu} \right\} \\ &=g^{-2} \sum_{\sigma=1}^{p} \left\{ \sum_{\mu,\nu=1}^{q} \breve{g}_{p+\nu\, p+\mu} c_{\sigma\mu} \bar{c}_{\sigma\nu} \right\} \end{aligned}$$

mit

$$c_{\sigma\mu}=\sum_{i=1}^{p} \gamma_{i\sigma} a_{i\mu}$$

und

$$\bar{c}_{\sigma\nu}=\sum_{k=1}^{p} \bar{\gamma}_{k\sigma} \bar{a}_{k\nu},$$

woraus dann folgt, daß Q positiv semi-definit in $\mathfrak{R}_{\mathrm{I}}$ sein muß[12]. Das liefert in Verbindung mit (2.12) [Produkt sämtlicher Eigenwerte >0!] den Beweis der Plurisubharmonizität von $\log g^{-1}$ bzw. u in $\mathfrak{R}_{\mathrm{I}}$.

Der Fall der Differentialgleichung (3.10) erledigt sich auf ähnliche Weise. In diesem Falle genügt es zu zeigen, daß die quadratische Form ($i\leqq\mu$, $k\leqq\nu$; μ, $\nu=1, \ldots, q$)

$$\begin{aligned} Q&=\sum \psi_{z_{i\mu}\bar{z}_{k\nu}} a_{i\mu} \bar{a}_{k\nu} \\ &=2g^{-2} \sum \sigma_{i\mu} \sigma_{k\nu} \{\breve{g}_{ik} \breve{g}_{\mu\nu}+\breve{g}_{i\nu} \breve{g}_{\mu k}\} a_{i\mu} \bar{a}_{k\nu} \\ &=2g^{-2} \sum (\breve{g}_{ik} \breve{g}_{\mu\nu}+\breve{g}_{i\nu} \breve{g}_{\mu k}) a'_{i\mu} \bar{a}'_{k\nu} \end{aligned}$$

12 Mit Rücksicht darauf, daß jedes System $(a_1, \ldots, a_p) \neq (0, \ldots, 0)$ in der Form $(c_1, \ldots, c_p) \neq (0, \ldots, 0)$ mit $c_\sigma=\gamma_{1\sigma} a_1+\cdots+\gamma_{p\sigma} a_p$ geschrieben werden kann.

mit $a'_{i\mu} = \sigma_{i\mu}\, a_{i\mu}$ (keine Summation!) in $\mathfrak{R}_{\mathrm{II}}$ positiv definit ist. Das folgt aber, in Verbindung mit (3.10), aus den Gleichungen

$$\sum_{\mu,\nu=1}^{q} \breve{g}_{\mu\nu}\, a'_{i\mu}\, \bar{a}'_{k\nu} = \sum_{\sigma=1}^{q} \left\{ \left(\sum_{\mu=1}^{q} \gamma_{\mu\sigma}\, a'_{i\mu} \right) \left(\sum_{\nu=1}^{q} \bar{\gamma}_{\nu\sigma}\, \bar{a}'_{k\nu} \right) \right\}$$

und

$$\sum_{i,\nu=1}^{q} \breve{g}_{i\nu}\, a'_{\mu i}\, \bar{a}'_{k\nu} = \sum_{\sigma=1}^{q} \left\{ \left(\sum_{i=1}^{q} \gamma_{i\sigma}\, a'_{\mu i} \right) \left(\sum_{\nu=1}^{q} \bar{\gamma}_{\nu\sigma}\, \bar{a}'_{k\nu} \right) \right\}.$$

Der Beweis, daß die zu der Determinante links in (4.3) zugeordnete quadratische Form in den betreffenden Fundamentalbereichen positiv definit ist, folgt ohne weiteres [unter Berücksichtigung von (3.14)] aus einem allgemeinen Satz[13], wonach die mit Hilfe der Unterdeterminanten (fester Ordnung) der positiven Matrix $[\breve{g}_{ik}]$ gebildete quadratische Form ebenfalls positiv sein muß. Der Leser kann dies auch direkt bestätigen, indem er die Zerlegung (4.8) zu Hilfe nimmt.

Dem Beweis, daß die partiellen Differentialgleichungen (4.1), (4.2) und (4.3) als einzige Lösungen in $\mathfrak{R}_{\mathrm{I}}$, $\mathfrak{R}_{\mathrm{II}}$ und $\mathfrak{R}_{\mathrm{III}}$ mit Randwerten $+\infty$, die Funktionen $\log g^{-(p+q)}$ bzw. $\log g^{-(q+1)}$ und $\log g^{-q+1}$ besitzen, sollen folgende vorbereitende Betrachtungen vorangeschickt werden:

Es bezeichnen bei gegebenem positiven $h \neq 1$, $\mathfrak{R}_{\mathrm{I}}^{h}$, $\mathfrak{R}_{\mathrm{II}}^{h}$ und $\mathfrak{R}_{\mathrm{III}}^{h}$ die Gebiete

$$\{Z\colon E_p - h^2 Z\bar{Z}' > 0,\ Z = Z_{pq}\} \tag{4.9}$$

$$\{Z\colon E_q - h^2 Z\bar{Z}' > 0,\ Z = Z_q,\ Z' = Z\} \tag{4.10}$$

und

$$\{Z\colon E_q + h^2 Z\bar{Z} > 0,\ Z = Z_q,\ Z' = -Z\} \tag{4.11}$$

und (je nach dem vorliegenden Fall) g_h die Funktionen mit den Komponenten $|E_p - h^2 Z\bar{Z}'|$, $|E_q - h^2 Z\bar{Z}'|$ und $|E_q + h^2 Z\bar{Z}|$. Dann folgt zunächst (Fall I) wegen

$$E_p - h^2 Z\bar{Z}' = h^2(E_p - Z\bar{Z}') + (1-h^2)\, E_p \qquad (0 < h < 1) \tag{4.12}$$

bzw.

$$E_p - Z\bar{Z}' = h^{-2}(E_p - h^2 Z\bar{Z}') + (1-h^{-2})\, E_p \qquad (1 < h < +\infty), \tag{4.13}$$

daß

$$\mathfrak{R}_{\mathrm{I}}^{h} \supset \hat{\mathfrak{R}}_{\mathrm{I}} \qquad (0 < h < 1) \tag{4.14}$$

und

$$\hat{\mathfrak{R}}_{\mathrm{I}}^{h} \subset \mathfrak{R}_{\mathrm{I}} \qquad (1 < h < +\infty) \tag{4.15}$$

gilt.

---

13 Beweis mit Hilfe der Entwicklungen auf S. 61 (Pascal [13]).

In der Tat besagt (4.12) [$(1-h^2)\,E_p$ liefert für $0<h<1$ eine überall positiv definite hermitesche quadratische Form], daß das Gebiet $\mathfrak{R}_{\mathrm{I}}^h$, mit Rücksicht darauf, daß die entsprechende quadratische Form für $E_p-Z\bar{Z}'$ auf dem Rand von $\mathfrak{R}_{\mathrm{I}}$ positiv semi-definit ist, den Bereich $\hat{\mathfrak{R}}_{\mathrm{I}}$ enthält. Entsprechend folgt aus (4.13) [die Matrix $(1-h^{-2})\,E_p$ liefert für $1<h<+\infty$ eine überall positiv definite quadratische Form], daß $\mathfrak{R}_{\mathrm{I}}$ den Bereich $\hat{\mathfrak{R}}_{\mathrm{I}}^h$ enthält.

Die Identitäten (4.14) und (4.15) führen zusammen mit den Identitätenpaaren

$$E_q-h^2 Z\bar{Z}=h^2(E_q-Z\bar{Z})+(1-h^2)\,E_q \qquad (0<h<1)$$

$$E_q-Z\bar{Z}=h^{-2}(E_q-h^2 Z\bar{Z})+(1-h^{-2})\,E_q \qquad (1<h<+\infty)$$

und

$$E_q+h^2 Z\bar{Z}=h^2(E_q+Z\bar{Z})+(1-h^2)\,E_q \qquad (0<h<1)$$

$$E_q+Z\bar{Z}=h^{-2}(E_q+h^2 Z\bar{Z})+(1-h^{-2})\,E_q \qquad (1<h<+\infty)$$

für die Fundamentalbereiche $\mathfrak{R}_{\mathrm{II}}$ bzw. $\mathfrak{R}_{\mathrm{III}}$ zu dem Ergebnis:

$$\mathfrak{R}_{\mathrm{II}}^h\supset\hat{\mathfrak{R}}_{\mathrm{II}} \qquad (0<h<1) \tag{4.16}$$

$$\hat{\mathfrak{R}}_{\mathrm{II}}^h\subset\mathfrak{R}_{\mathrm{II}} \qquad (1<h<+\infty) \tag{4.17}$$

und (^ bedeutet die abgeschlossene Hülle)

$$\mathfrak{R}_{\mathrm{III}}^h\supset\hat{\mathfrak{R}}_{\mathrm{III}} \qquad (0<h<1) \tag{4.18}$$

$$\hat{\mathfrak{R}}_{\mathrm{III}}^h\subset\mathfrak{R}_{\mathrm{III}} \qquad (1<h<+\infty). \tag{4.19}$$

5. Einzigkeitsfragen. Ende

Man nehme jetzt an, die partielle Differentialgleichung (2.12), d.h. die Gleichung

$$|\Phi_{Z\bar{Z}}|_{p\cdot q}=e^{(p+q)\Phi} \qquad (Z=[z_{ik}]_{p,q}) \tag{5.1}$$

habe neben der Lösung $\psi=\log g^{-1}$ eine zweite streng plurisubharmonische Lösung, etwa v, in $\mathfrak{R}_{\mathrm{I}}$ mit den Randwerten $+\infty$. Man setze

$$\psi^h=\psi^h(Z)=\log\begin{vmatrix} E_p & hZ \\ h\bar{Z}' & E_q \end{vmatrix}^{-1}$$

und beachte ($z_{ik}\to hz_{ik}$), daß ψ^h in $\mathfrak{R}_{\mathrm{I}}^h$ der partiellen Differentialgleichung

$$|\psi_{Z\bar{Z}}^h|=h^{2pq}e^{(p+q)\psi^h} \tag{5.2}$$

genügt. Sei $0<h<1$. Dann gilt entweder $h^2\psi^h-v\leqq 0$ in $\mathfrak{R}_{\mathrm{I}}$ oder es gibt einen Punkt, etwa Z, in $\mathfrak{R}_{\mathrm{I}}$ (da v gleich $+\infty$ auf dem Rand von $\mathfrak{R}_{\mathrm{I}}$ ist), in dem $h^2\psi^h - v$ sein (positives) Maximum annimmt. Demnach gilt in Z

$$(h^2\psi^h - v)_{Z\bar{Z}}\, dZ\, d\bar{Z} = \sum (h^2\psi^h - v)_{z_{i\mu}\bar{z}_{k\nu}}\, dz_{i\mu}\, d\bar{z}_{k\nu} \leqq 0,$$

d.h.

$$h^2\psi^h_{Z\bar{Z}}\, dZ\, d\bar{Z} \leqq v_{Z\bar{Z}}\, dZ\, d\bar{Z}.$$

Daraus folgt nach einem klassischen Satz der Theorie der (Hermiteschen) quadratischen Formen[14]

$$h^{2pq}\, |\psi^h_{Z\bar{Z}}|_{pq} \leqq |v_{Z\bar{Z}}|_{pq}$$

d.h. (wegen $0<h<1$)

$$h^2\psi^h - v \leqq \frac{4pq}{p+q} \log \frac{1}{h} \tag{5.3}$$

in Z. Offenbar gilt (5.3), mit Rücksicht darauf, daß der Ausdruck $h^2\psi^h - v$ sein Maximum in Z annimmt und die erste Alternative zu der Ungleichung $h^2\psi^h - v \leqq 0$ führt, in jedem Punkt von $\mathfrak{R}_{\mathrm{I}}$.

Die umgekehrte Ungleichung

$$v - h^2\psi^h \leqq \frac{4pq}{p+q} \log h \qquad (1<h,\ h \text{ nahe an Eins}) \tag{5.4}$$

läßt sich folgendermaßen beweisen: Entweder gilt $v - h^2\psi^h \leqq 0$ in $\mathfrak{R}^h_{\mathrm{I}}$ ($\hat{\mathfrak{R}}^h_{\mathrm{I}} \subset \mathfrak{R}_{\mathrm{I}}$) oder $v - h^2\psi^h$ hat ein (positives) Maximum in einem Punkt, etwa Z, von $\mathfrak{R}^h_{\mathrm{I}}$. Im letzteren Fall muß dort

$$(v - h^2\psi^h)_{Z\bar{Z}}\, dZ\, d\bar{Z} \leqq 0,$$

d.h.

$$v_{Z\bar{Z}}\, dZ\, d\bar{Z} \leqq h^2\psi^h_{Z\bar{Z}}\, dZ\, d\bar{Z}$$

und somit auch

$$|v_{Z\bar{Z}}| \leqq h^{2pq}\, |\psi^h_{Z\bar{Z}}|,$$

d.h.

$$e^{(p+q)v} \leqq h^{4pq}\, e^{(p+q)\psi^h}$$

gelten. Das liefert die Ungleichung

$$v \leqq \psi^h + \frac{4pq}{p+q} \log h\,,$$

d.h. (wegen $1<h$)

$$v - h^2\psi^h \leqq \frac{4pq}{p+q} \log h. \tag{5.5}$$

Offenbar gilt (5.5), da $v - h^2\psi^h$ in Z seinen maximalen Wert annimmt und die erste Alternative zu der Ungleichung $v - h^2\psi^h \leqq 0$ führt, in jedem Punkt von $\mathfrak{R}^h_{\mathrm{I}}$.

14 Man vgl. etwa [2]. Einen Beweis findet der Leser in dem klassischen Buch von B. v. der Waerden, Moderne Algebra, zweiter Teil, Verlag Julius Springer, Berlin 1931, S. 148.

Die Verbindung der Ungleichungen (5.3) und (5.5) liefert abschließend durch Grenzübergang $h \to 1$ ($h \uparrow 1$ bzw. $h \downarrow 1$) die Gleichung $v = \psi$, d.h. die Einzigkeit der Lösung von (5.1) mit der Randbedingung $+\infty$.

Da bei der Übertragung des Einzigkeitsbeweises von (5.1) auf die Differentialgleichung

$$|u_{z_{i\mu}\bar{z}_{k\nu}}|_{\binom{q+1}{2}} = 2^{\binom{q}{2}} e^{(q+1)u} \qquad (Z \in \mathfrak{R}_{\mathrm{II}}) \tag{5.6}$$

bzw.

$$|\Phi_{Z\bar{Z}}|_{\binom{q}{2}} = 2^{\binom{q}{2}} e^{(q-1)\Phi} \qquad (Z \in \mathfrak{R}_{\mathrm{III}}) \tag{5.7}$$

außer einer Wiederholung vom bereits Gesagten keine Schwierigkeiten hinzukommen, kann die Einzigkeitsfrage des Dirichletschen Problems für die Differentialgleichungen (5.1), (5.6) und (5.7) für die Randwerte $+\infty$ als erledigt angesehen werden.

6. Beweis des Satzes 1. Innere Abbildungen. Bemerkungen

Der Beweis des Satzes 1[15] erfordert lediglich Differentiationsprozesse. Man setze

$$X_1(\lambda) = |\gamma_{ik} - \lambda \alpha_{1i} \beta_{1k}|_q$$

und

$$Y_1(\lambda) = \begin{vmatrix} 1 & \lambda\beta_{11} \ldots \lambda\beta_{1q} \\ \alpha_{11} & \\ \cdot & [\gamma_{ik}] \\ \alpha_{1q} & \end{vmatrix}.$$

Dann ist $X_1''(\lambda) = Y_1''(\lambda) = 0$ und somit

$$X_1(\lambda) = X_1(0) + \lambda X_1'(0) \quad \text{und} \quad Y_1(\lambda) = Y_1(0) + \lambda Y_1'(0).$$

Andererseits gilt $X_1(0) = Y_1(0) = |\gamma_{ik}|_q$ und (wie man leicht einsieht) $X_1'(0) = Y_1'(0)$. Das beweist ($\lambda \to -\lambda_1$!) die Identität (2.1) für $p=1$.

Man nehme jetzt an, (2.1) gelte für ein $p-1$ und setze

$$\hat{\gamma}_{ik} = \gamma_{ik} - \lambda \alpha_{pi} \beta_{pk} \qquad (\lambda = \lambda_p!).$$

Dann liefert die Anwendung von (2.1) (mit $p-1$ anstelle p) die Identität

$$\left| \gamma_{ik} - \sum_{\mu=1}^{p-1} \lambda_\mu \alpha_{\mu i} \beta_{\mu k} - \lambda \alpha_{pi} \beta_{pk} \right|_q$$

$$= \left| \hat{\gamma}_{ik} - \sum_{\mu=1}^{p-1} \lambda_\mu \alpha_{\mu i} \beta_{\mu k} \right|_q = \begin{vmatrix} E_{p-1} & A_{p-1} B_{p-1\,q} \\ A'_{p-1\,q} & [\hat{\gamma}_{ik}]_q \end{vmatrix} = X(\lambda)$$

15 Man vgl. auch [5].

mit ($\lambda_1, \ldots, \lambda_{p-1}$ konstant!)

$$\Lambda_{p-1} B_{p-1\,q} = \begin{bmatrix} \lambda_1 \beta_{11} \ldots \lambda_1 \beta_{1q} \\ \cdot \quad \ldots \quad \cdot \\ \lambda_{p-1} \beta_{p-1\,1} \ldots \lambda_{p-1} \beta_{p-1\,q} \end{bmatrix}.$$

Nun zeigt eine zweimalige Differentiation nach λ [$X''(\lambda)$ besteht aus einer Summe von Determinanten, die jedesmal zwei proportionale Zeilen aufweisen], daß $X''(\lambda)$ identisch verschwindet. Der Nachweis, daß $X(\lambda_p)$ gleich

$$\begin{vmatrix} E_p & \Lambda_p B_{pq} \\ A'_{pq} & [\gamma_{ik}]_q \end{vmatrix} \tag{6.1}$$

ist, kann unter Berücksichtigung von folgenden Tatsachen leicht erbracht werden:

(i) Es gilt

$$X(0) = \begin{vmatrix} E_{p-1} & \Lambda_{p-1} B_{p-1\,q} \\ A'_{p-1\,q} & [\gamma_{ik}]_q \end{vmatrix}. \tag{6.2}$$

(ii) Es gilt

$$X(\lambda) = X(0) - \lambda \sum_{\mu=1}^{q} \begin{vmatrix} E_{p-1} & \Lambda_{p-1} B_{p-1\,q} \\ A'^{\mu}_{p-1\,q} & [\gamma^{\mu}_{ik}]_q \end{vmatrix}, \tag{6.3}$$

wobei die $(q, p-1+q)$-Matrix

$$[A'^{\mu}_{p-1\,q}, [\gamma^{\mu}_{ik}]_q]$$

aus der Matrix

$$[A'_{p-1\,q}, [\gamma_{ik}]_q]$$

dadurch hervorgeht, daß man die μ-te Reihe durch

$$0 \ldots 0 \quad \alpha_{p\mu} \beta_{p1} \ldots \alpha_{p\mu} \beta_{pq}$$

ersetzt. Somit stellt der Ausdruck

$$X(0) - \lambda_p \sum_{\mu=1}^{q} \begin{vmatrix} E_{p-1} & \Lambda_{p-1} B_{p-1\,q} \\ A'^{\mu}_{p-1\,q} & [\gamma^{\mu}_{ik}]_q \end{vmatrix}$$

die Entwicklung von (6.1) nach den Elementen der p-ten Spalte dar.

Durch die in 5 bewiesene Ungleichung $\psi \leqq v$ kann die erstmalig in [2] entwickelte Methode zur Behandlung von inneren Abbildungen von Bereichen von C^n durch holomorphe Funktionen auf sämtliche (klassische) Fundamentalbereiche übertragen werden.

Satz 7. *Es bezeichne* $Z = [z_{ik}]_{pq}$ *eine Matrix von* $\mathfrak{R}_{\mathrm{I}}$ *und*

$$W = W(Z) = [w_{ik}(Z)]_{pq}$$

ein System von $p \cdot q$ holomorphen Funktionen mit der Eigenschaft $W[\mathfrak{R}_{\mathrm{I}}] \subset \mathfrak{R}_{\mathrm{I}}$ (innere Abbildung!). Bezeichnet dann kurz J_{pq} die Jacobische Determinante

$$\left|\frac{\partial W}{\partial Z}\right|_{p \cdot q} = \det \left[\frac{\partial w_{ik}}{\partial z_{\mu\nu}}\right]_{p \cdot q}$$

der w_{ik} nach den $z_{\mu\nu}$, so gilt die Ungleichung

$$\begin{vmatrix} E_p & W \\ \overline{W}' & E_q \end{vmatrix}^{-(p+q)} |J_{pq}|^2 \leqq \begin{vmatrix} E_p & Z \\ \overline{Z}' & E_q \end{vmatrix}^{-(p+q)}. \tag{6.4}$$

Beweis. Man betrachte ein $\mathfrak{R}_{\mathrm{I}}^h$ mit $1 < h < +\infty$, setze

$$K(W, \overline{W}) = \begin{vmatrix} E_p & W \\ \overline{W}' & E_q \end{vmatrix}^{-(p+q)}$$

$$K(Z, \overline{Z}) = \begin{vmatrix} E_p & Z \\ \overline{Z}' & E_q \end{vmatrix}^{-(p+q)}$$

und bilde für $Z \in \mathfrak{R}_{\mathrm{I}}^h$ den Ausdruck

$$K^h(Z, \overline{Z}) = K(hZ, h\overline{Z}) = \begin{vmatrix} E_p & hZ \\ h\overline{Z}' & E_q \end{vmatrix}^{-(p+q)}.$$

Nun hat $K^h(Z, \overline{Z})$ die Randwerte $+\infty$, und somit besteht die Menge

$$\{Z : Z \in \mathfrak{R}_{\mathrm{I}}^h, K(W, \overline{W}) |J_{pq}|^2 > h^{2pq} K^h(Z, \overline{Z})\} \tag{6.5}$$

falls sie nicht leer ist, lediglich aus Punkten von $\mathfrak{R}_{\mathrm{I}}^h$. Ist (6.5) leer, so gilt

$$K(W, \overline{W}) |J_{pq}|^2 \leqq h^{2pq} K^h(Z, \overline{Z})$$

in $\mathfrak{R}_{\mathrm{I}}^h$ und mithin (Grenzübergang $h \to 1$!) auch (6.4). Ist (6.5) nicht leer, so hat der Ausdruck

$$V = V(Z, \overline{Z}) = \frac{K(W, \overline{W})}{K^h(Z, \overline{Z})} |J_{pq}|^2$$

ein Maximum in $\mathfrak{R}_{\mathrm{I}}^h$, etwa in Z, das größer als h^{2pq} ist. Das liefert zunächst die Ungleichung

$$(\log V)_{Z\overline{Z}}\, dZ\, d\overline{Z} \leqq 0, \tag{6.6}$$

wobei die linke Seite die der (Hermiteschen) Matrix

$$[(\log V)_{Z\overline{Z}}]_{p \cdot q} = \left[\frac{\partial^2}{\partial Z\, \partial \overline{Z}} \log V\right]_{p \cdot q}$$

zugeordnete (Hermitesche) quadratische Form bedeutet. Somit gilt in Z, wegen

$$\log V = \log K(W, \overline{W}) - \log K^h(Z, \overline{Z}) + \log(J_{pq} \overline{J}_{pq})$$
$$= H(W, \overline{W}) - H^h(Z, \overline{Z}) + \log(J_{pq} \overline{J}_{pq})$$

und

$$(\log V)_{Z\overline{Z}} = H_{Z\overline{Z}}(W, \overline{W}) - H^h_{Z\overline{Z}}(Z, \overline{Z})$$
$$H_{Z\overline{Z}}(W, \overline{W})\, dZ\, d\overline{Z} \leqq H^h_{Z\overline{Z}}(Z, \overline{Z})\, dZ\, d\overline{Z},$$

und somit nach dem bereits erwähnten Satz

$$|H_{Z\overline{Z}}(W, \overline{W})|_{p \cdot q} \leqq |H^h_{Z\overline{Z}}(Z, \overline{Z})|_{p \cdot q}. \tag{6.7}$$

Nun ist

$$|H_{Z\overline{Z}}(W, \overline{W})|_{p \cdot q} = |H_{W\overline{W}}(W, \overline{W})|_{p \cdot q} |J_{pq}|^2$$
$$= (p+q)^{pq} K(W, \overline{W}) |J_{pq}|^2$$

und

$$|H^h_{Z\overline{Z}}(Z, \overline{Z})|_{p \cdot q} = h^{2pq} |H_{Z\overline{Z}}(hZ, h\overline{Z})|_{p \cdot q} = (p+q)^{pq} h^{2pq} K^h(Z, \overline{Z}).$$

Das liefert, wegen (6.7), die Ungleichung

$$K(W, \overline{W}) |J_{pq}|^2 \leqq h^{2pq} K^h(Z, \overline{Z}), \tag{6.8}$$

welche der Annahme

$$K(W, \overline{W}) |J_{pq}|^2 > h^{2pq} K^h(Z, \overline{Z})$$

widerspricht. Es gilt also (6.8) in $\mathfrak{R}^h_{\mathrm{I}}$ und somit auch (Grenzübergang $h \to 1$!) (6.4) in $\mathfrak{R}_{\mathrm{I}}$.

Auf ähnlichem Wege können folgende Sätze bewiesen werden:

Satz 8. *Sei* $W = [w_{ik}]_{\binom{q+1}{2}}$ $(W' = W!)$ *eine innere Abbildung von* $\mathfrak{R}_{\mathrm{II}}$. *Dann gilt die Ungleichung* $(Z \in \mathfrak{R}_{\mathrm{II}}!)$

$$\begin{vmatrix} E_q & W \\ \overline{W}' & E_q \end{vmatrix}^{-(q+1)} |J_{\binom{q+1}{2}}|^2 \leqq \begin{vmatrix} E_q & Z \\ \overline{Z}' & E_q \end{vmatrix}^{-(q+1)}. \tag{6.9}$$

Satz 9. *Sei* $W = [w_{ik}]_{\binom{q}{2}}$ $(W' = -W)$ *eine innere Abbildung von* $\mathfrak{R}_{\mathrm{III}}$. *Dann gilt die Ungleichung*

$$\begin{vmatrix} E_q & -W \\ \overline{W} & E_q \end{vmatrix}^{-(q-1)} |J_{\binom{q}{2}}|^2 \leqq \begin{vmatrix} E_q & -Z \\ \overline{Z} & E_q \end{vmatrix}^{-(q-1)}. \tag{6.10}$$

Die Sätze 7, 8 und 9 zusammen mit dem Ergebnis von [5] grenzen das Anwendungsgebiet der in [2] entwickelten differentialgeometrischen Methode zur Gewinnung von Verzerrungssätzen bei inneren Abbildungen von Gebieten des C^n mehr oder weniger ab. Daß dabei der Begriff der Bergmanschen Kernfunktion nicht direkt benutzt wird (man vergleiche im Gegensatz dazu [11] und [12]), kann als Vorteil der Methode angesehen werden. Selbstverständlich sieht der Kenner der Theorie ohne weiteres ein, daß die in den Sätzen 7, 8 und 9, sowie im Falle der Lieschen Kugel benutzten Funktionen K, abgesehen von einem numerischen Faktor (der mühsam zu bestimmen ist), mit den Bergmanschen Kernfunktionen der betreffenden Fundamentalbereiche übereinstimmen. Doch wird hier die Kenntnis der diesbezüglichen Theorie (anders als in den Arbeiten [11] und [12]) nicht benutzt, sondern lediglich deren Eigenschaft als plurisubharmonische Lösung der partiellen Differentialgleichung vom Typus (1.10). Folgende Fragen mußten einer späteren Bearbeitung vorbehalten werden: Erstens die Übertragung des klassischen Schwarzschen Lemmas für die n-dimensionale Kugel auf das Gebiet $\mathfrak{R}_{\mathrm{I}}$ (und bei entsprechenden Annahmen auf die Gebiete $\mathfrak{R}_{\mathrm{II}}$, $\mathfrak{R}_{\mathrm{III}}$ und $\mathfrak{R}_{\mathrm{IV}}$) unter Zugrundelegung der Norm

$$1-\begin{vmatrix} E_p & Z \\ \bar{Z}' & E_q \end{vmatrix}$$

und zweitens die Aufhebung der Kählerschen Struktur nach dem Muster der bedeutenden Abhandlung [1] von Chern.[16]

Meinem früheren Assistenten, Herrn Dr. P. Volkmann, jetzt Karlsruhe, habe ich für seine Mühe, die (teils schwierigen) Beweise durchzusehen und für Bemerkungen zu danken.

Literatur

1. Chern, S. S.: On holomorphic mappings of hermitian manifolds of the same dimension. Proc. of Symposia in pure Mathematics. Amer. Math. Soc. Providence Rhode Island **11**, 157—170 (1968).
2. Dinghas, A.: Ein n-dimensionales Analogon des Schwarz-Pickschen Flächensatzes für holomorphe Abbildungen der komplexen Einheitskugel in eine Kähler-Mannigfaltigkeit. Festschr. zur Gedächtnisfeier für Carl Weierstraß, 1815—1965. S. 477—494. Köln/Opladen: Westdeutscher Verlag 1966.
3. Dinghas, A.: Über das Schwarzsche Lemma und verwandte Sätze. Israel Journ. Math. **5**, 157—169 (1967).
4. Dinghas, A.: Verzerrungssätze bei holomorphen Abbildungen von Hauptbereichen automorpher Gruppen mehrerer komplexer Veränderlicher in eine Kähler-Mannigfaltigkeit. Sitzungsber. Heidelb. Akad., Mathem.-Naturwiss. Klasse, 1. Abhandlung, Jahrgang 1968.
5. Dinghas, A.: On distortion theorems in classical domains of several complex variables. Analele ştiinţifice Univ. Iaşi (Serie Nouă) Matem. **18**, 29—38 (1972).

16 Sowohl Chern [1] als Kobayashi [9] und [10] werden hier der Vollständigkeit halber angeführt. Ausgangspunkt der Entwicklungen der vorliegenden Arbeit bildete [1] und die spätere Kenntnisnahme der Bücher [8] und [6] von Hua und Fuks.

6. Fuks, B. A.: Analytic functions of several complex variables, Vol. Fourteen. VI, 357 S. Transl. of Mathem. Monographs. Rhode Island: Amer. Math. Soc. Providence 1965.
7. Giraud, G.: Leçons sur les fonctions automorphes. 126 S. Paris: Gauthier-Villars 1920.
8. Hua, L. K.: Harmonic analysis of functions of several complex variables in the classical domains. Vol. Six. IV, 163 S. Transl. of Mathematical Monographs. Rhode Island: Amer. Math. Soc. Providence 1963.
9. Kobayashi, S.: Holomorphic mappings and Schwarz's lemma. Proc. of Symposia in pure Mathematics. S. 253—260. Rhode Island: Amer. Math. Soc. Providence 1968.
10. Kobayashi, S.: Hyperbolic manifolds and holomorphic mappings. VI, 148 S. New York: Marcel Dekker Inc. 1970.
11. Mitchell, J., Hahn, K.: Generalization of Schwarz-Pick lemma to invariant volume in a Kähler-Manifold. Bull. Amer. Math. Soc. **73**, 668—670 (1967).
12. Mitchell, J., Hahn, K.: Generalization of Schwarz-Pick lemma to invariant volume in a Kähler-Manifold. Trans. Am. Math. Soc. **128**, 221—231 (1967).
13. Pascal, E.: Repertorium der höheren Mathematik I 1, Zweite Auflage, XV, 527 S. Leipzig und Berlin: B. G. Teubner 1910.

Sitzungsberichte der Heidelberger Akademie der Wissenschaften
Mathematisch-naturwissenschaftliche Klasse

Erschienene Jahrgänge

Inhalt des Jahrgangs 1962/64:

1. E. Rodenwaldt und H. Lehmann. Die antiken Emissare von Cosa-Ansedonia, ein Beitrag zur Frage der Entwässerung der Maremmen in etruskischer Zeit. DM 6.90.
2. Symposium über Automation und Digitalisierung in der Astronomischen Meßtechnik Herausgegeben von H. Siedentopf. DM 32.80.
3. W. Jehne. Die Struktur der symplektischen Gruppe über lokalen und dedekindschen Ringen. DM 15.40.
4. W. Doerr. Gangarten der Arteriosklerose. DM 11.40.
5. J. Kuprianoff. Probleme der Strahlenkonservierung von Lebensmitteln. DM 5.20.
6. P. Čolak-Antić. Dreidimensionale Instabilitätserscheinungen des laminarturbulenten Umschlages bei freier Konvektion längs einer vertikalen geheizten Platte. DM 14.40.

Inhalt des Jahrgangs 1965:

1. S. E. Kuss. Revision der europäischen Amphicyoninae (Canidae, Carnivora, Mam.) ausschließlich der voroberstampischen Formen. DM 38.80.
2. E. Kauker. Globale Verbreitung des Milzbrandes um 1960. DM 7.20.
3. W. Rauh und H. F. Schölch. Weitere Untersuchungen an Didieraceen. 2. Teil. DM 70.—.
4. W. Felscher. Adjungierte Funktoren und primitive Klassen. DM 18.—.

Inhalt des Jahrgangs 1966:

1. W. Rauh und I. Jäger-Zürn. Zur Kenntnis der Hydrostachyaceae. 1. Teil. DM 30.60.
2. M. R. Lemberg. Chemische Struktur und Reaktionsmechanismus der Cytochromoxydase (Atmungsferment). DM 4.80.
3. R. Berger. Differentiale höherer Ordnung und Körpererweiterungen bei Primzahlcharakteristik. DM 23.—.
4. E. Kauker. Die Tollwut in Mitteleuropa von 1953 bis 1966. DM 5.40.
5. Y. Reenpää. Axiomatische Darstellung des phänomenal-zentralnervösen Systems der sinnesphysiologischen Versuche Keidels und Mitarbeiter. DM 3.60.

Inhalt des Jahrgangs 1967/68:

1. E. Freitag. Modulformen zweiten Grades zum rationalen und Gaußschen Zahlkörper. DM 19.—.
2. H. Hirt. Der Differentialmodul eines lokalen Prinzipalrings über einem beliebigen Ring DM 9.30.
3. H. E. Suess, H. D. Zeh und J. H. D. Jensen. Der Abbau schwerer Kerne bei hohen Temperaturen. DM 4.20.
4. H. Puchelt. Zur Geochemie des Bariums im exogenen Zyklus. DM 54.—.
5. W. Hückel. Die Entwicklung der Hypothese vom nichtklassischen Ion. DM 11.20.

Inhalt des Jahrgangs 1968:

1. A. Dinghas. Verzerrungssätze bei holomorphen Abbildungen von Hauptbereichen automorpher Gruppen mehrerer komplexer Veränderlicher in eine Kähler-Mannigfaltigkeit. DM 8.20.
2. R. Kiehl. Analytische Familien affinoider Algebren. DM 7.40.
3. R. Düren, G.-P. Raabe und Ch. Schlier. Genaue Potentialbestimmung aus Streumessungen: Alkali-Edelgas-Systeme. DM 10.40.
4. E. Rodenwaldt. Leon Battista Alberti — ein Hygieniker der Renaissance. DM 11.80.

MIX
Papier aus verantwortungsvollen Quellen
Paper from responsible sources
FSC® C105338

If you have any concerns about our products,
you can contact us on
ProductSafety@springernature.com

In case Publisher is established outside the EU,
the EU authorized representative is:
Springer Nature Customer Service Center GmbH
Europaplatz 3, 69115 Heidelberg, Germany

Printed by Libri Plureos GmbH
in Hamburg, Germany